La Bonne Fermière.

LA BONNE FERMIÈRE,

OU

NOUVEAU TRAITÉ

DE LA BASSE-COUR,

SUIVI DE PLUSIEURS EXPÉRIENCES RURALES ET ZOOLOGIQUES.

PAR MADAME VEUVE BLIN.

PARIS,
A. MOREAU, IMPRIMEUR-ÉDITEUR,
RUE MONTMARTRE, N° 39.
1830.

AVERTISSEMENT

Le soin de la basse-cour et de la laiterie étant l'occupation principale de la fermière, elle ne saurait y donner trop de soin, et surtout y apporter trop d'économie, et généralement à tout ce qui regarde l'intérieur de la maison. Elle doit surveiller elle-même tous ces travaux et régler le temps de chaque chose. Les notes contenues dans cet ouvrage sont toutes le résultat d'épreuves qui toutes ont une heureuse réussite, et je prouve ici que la fermière peut payer avec le produit de sa basse-cour la moitié du fermage, entretenir sa maison et payer ses domestiques.

LA BONNE FERMIÈRE.

ARTICLE PREMIER.

Manière de conduire la laiterie.

La première branche d'une bonne administration rurale est, pour la fermière, la laiterie : c'est une ressource inépuisable ; mais j'ai vu avec surprise que l'été seul, dans les environs de Paris, était la saison où on savait tirer parti du laitage. Il n'en est pas de même dans la Suisse et dans les environs de Rochefort, et j'ai remarqué que l'on pourrait joindre aux deux premiers le produit plus lucratif que peut offrir la proximité de la ville de Paris ; on pourrait y gagner le transport et vendre ici ce que l'on ne trouve qu'à plus de cent lieues. Il faut donc donner à la laiterie la même température qu'en été ; on peut le faire à peu de frais ; car il n'y a pas de ferme où, soit par la négligence des domestiques ou bien l'oubli des maîtres, il ne se perde une infinité de menus bois, comme la taille des arbres, ou même des herbes qui sont le rebut du jardinage. Il faut donc mettre un poële en tôle comme le plus convenable pour la chaleur. Le matin, on fait chauffer la laiterie de 8 à 9 degrés, que l'on peut modérer sur le milieu du jour; le soir, on peut chauffer comme le matin : par ce moyen, on peut laver et nettoyer la laiterie de la même manière qu'en été; par là vous évitez la mauvaise odeur et la putréfaction qui ne manquent pas d'avoir lieu lorsque l'on ne lave pas la laiterie, ce qui est toujours contraire au laitage. Il ne faut pas trop approcher les pots du poêle; cela ferait monter la crême trop vite; ce qui rend le laitage amer et très-désagréable. Il faut mettre un abri à la porte, pour éviter le vent du nord. En suivant exactement tous ces détails, vous avez la même quantité de beurre, et comme le prix en est du double en hiver, votre profit s'augmente à proportion.

ARTICLE II.

Pour empêcher les vers de se mettre au fromage.

Dans les chaleurs, il est presque impossible d'empêcher les vers de se mettre au fromage. Cependant on peut éviter cet inconvénient en employant les procédés que voici. Il faut d'abord bien laisser égoutter les fromages ; après cela, vous mêlez un peu de salpêtre avec du sel gris écrasé bien fin, et une légère partie de poudre de genièvre, en observant de ne jamais saler vos fromages que le matin, ou le soir après que la chaleur est passée. Il faut les tenir toujours dans un endroit très-sec, avec un peu d'air. Après huit jours de sel, vous les exposez au plus grand air, jusqu'à ce qu'ils soient aussi durs que du bois; alors vous les mouillez avec un peu de vin blanc ou de l'eau-de-vie et du vinaigre, vous les enfermez dans un baquet ou tonneau, vous mettez dans le fond de l'herbe des bois où il y ait quelque plante aromatique, ce qui donne un bon goût; vous mettez toujours de cette herbe entre vos fromages, que vous avez mouillés avec le procédé indiqué; on dépose le baquet dans un endroit humide, on change les fromages de place après huit jours, et on les mouille de nouveau, s'ils sont trop secs. Alors vous faites fondre un peu de salpêtre, frottez légèrement vos fromages; en moins de trois semaines, vous avez des fromages du meilleur goût, qui se vendent très-bien, et comme première qualité.

ARTICLE III.

Manière de faire des fromages tels que le Roquefort, la même forme et le même goût que dans cette contrée.

Vous avez des éclisses ou hausses en bois excessivement élevées, afin de donner à vos fromages la même forme qu'à ceux de Roquefort; vous faites bouillir les pots au lait dans des herbes aromatiques, vous passez votre lait lorsque les pots sont encore chauds, vous mêlez votre laitage tel qu'il suit : du lait de vache, du lait de chèvre et du lait de brebis; celui de vache doit dominer; on peut même l'écrémer légèrement, afin de ne pas se priver de beurre; ne vous servez que de pressure. Lorsque votre lait sera bien pris, vous dressez vos fromages dans les éclisses, et, lorsqu'il sera bien égoutté, vous le salerez de cette manière : du sel gris; on doit mettre un dez de poudre de salpêtre pour une demi-livre de sel, la moitié de poudre de genièvre, des feuilles de thym séchées au feu, le tout broyé ensemble et très-fin; vous brûlez du sarment, et mettez la cendre, répandue en petites quantités, sur vos fromages; vous ne salez que le soir, ou le matin avant la chaleur. Le printemps est la meilleure saison pour commencer cette opération, *quoique l'on puisse faire ces fromages en tout temps*. Vous faites prendre le sel à vos fromages en tous sens, ensuite vous les exposez entre deux airs et au soleil du soir, ou deux heures le matin seulement, après quoi, ayant obtenu une bonne sécheresse intérieure, vous faites bouillir des herbes, telles que sauge, lavande, serpolet et hysope, dans lesquelles vous mettrez demi-bouteille de vinaigre blanc pour deux pintes d'eau; vous laissez refroidir et vous mouillez vos fromages trois jours de suite, afin que l'intérieur en soit imprégné, ensuite vous les empilez dans un tonneau qui doit être bien lavé avec des herbes fortes ; vous mettez vos fromages pendant que le tonneau est encore humide, vous le fermez bien hermétiquement pour que l'air ne puisse y pénétrer. Le tonneau doit être mis dans une cave; huit jours après, vous changez les fromages et les mouillez de nouveau : il ne faut les laisser qu'un mois en tout, après quoi vous pouvez les faire encaisser et les vendre pour du Roquefort. Il se vend ordinairement deux francs la livre et quelquefois plus.

ARTICLE IV.

Manière de soigner une étable et de préserver les vaches de maladie.

Dans les grandes chaleurs, il est presque impossible d'empêcher les vaches de se tarir, et même souvent elles tombent malades. Pour éviter cela, il faut, le matin, faire bouillir un peu de son avec des feuilles de trèfle ou de luzerne, le tout en petites quantités, en donner aux vaches. Pour un seau d'eau, vous mettrez deux litres à peu près de cette eau bouillie avec une poignée de sel ; l'apétit et le lait reviennent de suite. En hiver, le grand froid a le même inconvénient. Alors, pour remplacer le trèfle en herbe, vous mettez toujours un peu de petit son avec des pommes de terre coupées et crues, du sel, une très-légère partie de fleur de soufre et une pincée de farine bise. Le lait revient, et le froid, qui toujours est contraire aux animaux domestiques, ne peut leur nuire de cette manière.

ARTICLE V.

Pour les veaux et la manière de les engraisser avec économie.

Il ne faut jamais laisser téter les veaux si vous voulez économiser le laitage, d'abord parce qu'il fatigue la mère en tétant, et puis, lorsque l'on vient à vendre le veau, la vache est pendant plusieurs jours tourmentée et ne donne que peu ou point de lait, ce qui est une perte lorsque l'on a plusieurs vaches et que cela arrive plusieurs fois dans l'année, au lieu que le veau ne tétant pas, la mère n'y pense plus. On fait donc boire le veau de suite, et, au bout de huit jours, on peut mêler dans son lait un quart d'eau avec une poignée de farine. On peut aussi commencer à faire manger le veau à quinze jours : voici comment. Vous faites cuire du blé mêlé d'un peu de seigle ; en hiver, on peut de suite en faire cuire pour plusieurs jours. Au moment de faire manger le veau, vous mêlez une bonne poignée de farine avec deux œufs et un peu de lait ; vous faites manger le veau deux fois le jour, et le faites boire une demi-heure après avoir mangé. Quatre ou cinq jours avant de le vendre, vous lui faites manger des pois à agneau, avec des œufs, de la farine et un peu de lait. Vous faites bien tremper les pois dès la veille.

ARTICLE VI.

Pour les porcs et leurs maladies.

Comme il est d'usage dans les fermes d'élever des porcs, il faut le faire avec économie, et cela avec les débris de la laiterie, du jardin et de la cuisine. Il y a dans la laiterie le résidu du fromage, que l'on appelle lait clair; on doit le laisser aigrir dans un baquet avec du son ou recoupe, ainsi que l'eau de vaisselle, des herbes de jardin et des fruits gâtés. Pour les engraisser, on peut le faire avec des pommes de terre cuites, et, quelque temps avant de le tuer, on doit donner du gland ou des pois à agneau.

Comme les porcs sont assujétis à la maladie appelée *rage-mue*, cette maladie est mortelle pour eux, et souvent corrompt la viande. J'ai vu traiter cette cruelle maladie de la manière suivante et obtenir un heureux résultat. Aussitôt que l'on s'aperçoit des premiers symptômes, il faut faire avaler au cochon de l'huile d'olive battue avec un peu d'eau-de-vie et du thériaque. Il faut en faire prendre trois jours, tenir le porc renfermé dans son toit, et y brûler du tabac à fumer.

ARTICLE VII.

De la volaille et des soins à prendre pour sa conservation.

Cet objet est un des plus importans de la ferme ; c'est une ressource qui est intarissable, qui dédommage amplement la ménagère, et qui devient pour elle une source de richesses ; il est proprement dit le fonds de commerce de la fermière : aussi ne doit-elle épargner ni soin, ni dépense. Il faut toujours tenir la volaille en parfaite santé, afin d'en augmenter la population. Comme ce volatile est assujéti à la maladie de la *pépie*, cette maladie est ordinairement causée par la grande chaleur, la sécheresse et la gelée. Il faut donc avoir soin, en été comme en hiver, de mettre de petites auges en pierre dans plusieurs endroits de la cour, et à l'abri de la gelée en hiver. Il faut y mettre de l'eau très-fraîche, la renouveler souvent, y mettre du mâchefer de maréchal, changer l'eau, laver le mâchefer, y mettre également des clous, et, de temps en temps, un peu d'alun en pierre. Il faut toujours en avoir dans le poulailler pour les volailles malades, et tâcher que le poulailler soit exposé au midi ; mettre sous les juchoirs de la bruyère et de l'herbe des bois, ainsi que dans les paniers ou trous où les poules vont pondre; on y ajoute un œuf gâté, afin d'attirer les poules. Il y a encore un autre inconvénient, c'est que les poules changent souvent d'endroit pour pondre ; cela provient souvent de la malpropreté du nid. Pour éviter cet abandon, il faut avoir soin de changer le nid, et déposer un petit morceau de camphre au fond, afin de chasser les mites; on y ajoute des feuilles de sauge, et cela fait mourir toute espèce de vermine.

ARTICLE VIII.

Pour les couveuses en général.

Il faut autant que possible les éloigner des autres volailles : ordinairement on les met dans un endroit destiné à cet effet, afin qu'elles ne soient pas tourmentées et gardent mieux leur nid. Le dérangement leur fait souvent casser les œufs. Il ne faut entrer que deux fois le jour auprès des couveuses, le matin et le soir, pour les lever soi-même, les mettre sous la mue, les laisser boire et manger et les reposer soi-même sur le nid, autrement elles pourraient rester trop long-temps éloignées, et les œufs devenant froids se gâtent et le germe se trouve perdu. Comme aussi les œufs sont exposés à tourner par l'orage, on évite cet accident en mettant dans le nid des herbes aromatiques, qui doivent remplacer cette vieille méthode de mettre un clou ou morceau de fer, ce qui, selon moi, est plus capable de faire du mal que du bien, puisque le fer est un métal. Je donne pour exemple les perdrix, qui n'ont que la nature pour guide; elles font leur nid dans les bois, et, d'après l'examen que j'en ai fait, j'ai toujours remarqué que, sur vingt-cinq ou trente œufs que déposent les perdrix, il est bien rare d'en voir plus de deux ou trois de clairs, et, depuis mon expérience à mettre des herbes aromatiques, j'ai toujours obtenu un plein succès.

Lorsque vous mettez couver, il faut, autant que faire se peut, mettre des œufs de la même fraîcheur, et jamais des œufs trop allongés; ensuite, après quinze jours de couvées, vous mettez les œufs dans de l'eau tiède, vous les y laissez deux minutes et les retirez ensuite, vous les essuyez avec un linge doux et chaud, et les remettez sous la mère couveuse. Cette opération attendrit la coquille et fait connaître les bons d'avec les mauvais, ce qui se voit au mouvement de l'œuf.

Si vous avez une bonne couveuse et qui ne soit pas trop fatiguée, vous pouvez la remettre de nouveau sur des œufs, et donner les poussins à conduire soit à une mauvaise couveuse ou à un chapon. Vous vous apercevez à la crête de la poule si elle peut couver deux fois, si la crête n'est pas trop pâle et que le dessous de la poule ne soit pas trop déplumé.

Voici la manière de faire d'un chapon un bon conducteur.

Vous prenez un chapon vieux d'une année, et même ceux de deux ans sont souvent meilleurs (on doit toujours en avoir dans la basse-cour) ; vous le grisez avec du vin chaud sucré, vous le mettez ensuite sur de mauvais œufs ; cela doit se faire le soir. Le lendemain, vous renouvelez sa boisson, et, pendant qu'il est encore dans l'ivresse, vous lui mettez des petits poussins dans son nid. Un bon chapon peut conduire de trente-six à quarante poussins ; c'est une bête facile à tromper ; il croit si bien que les petits sont à lui, qu'il les promène, glousse comme la poule, et les défend de toute attaque. Lorsque l'on veut faire conduire des poussins par un chapon, il faut s'arranger à avoir des couvées écloses dans l'espace de deux jours, afin que la différence d'âge ne soit pas trop disproportionnée.

ARTICLE IX.

Des pondeuses d'hiver, et pour en avoir.

Il faut, au mois d'août, prendre des jeunes poules, les plumer sous le ventre, et les gouverner de manière à ne les nourrir que de graines échauffantes, telles que du chenevis, du blé noir. On ne leur commence cette nourriture qu'à la fin de septembre. On divise ses pondeuses des autres poules; car il faut observer qu'une poule que l'on a forcée à la ponte ne fait jamais une bonne couveuse, et, finissant sa ponte au commencement de mars, elle ne peut plus faire qu'une bonne poularde; on a retiré la meilleure ponte, et surtout dans la saison de l'hiver où les œufs sont le double plus chers; on se trouve par ce moyen bien dédommagé de la dépense de la nourriture forcée que l'on a employée. Il faut aussi faire coucher les pondeuses à la vacherie, et bien faire attention qu'il n'y ait pas de plume dans les auges; car une vache qui avalerait une plume deviendrait poussive. Pour l'écurie aux chevaux, il ne faut pas en souffrir, cela est trop dangereux.

ARTICLE X.

De l'engrais des chapons.

Pour faire de bons chapons, il faut les faire en mai et juin ; ils ont le temps de grandir avant l'engrais, qui doit commencer un mois avant la Saint-Martin, époque du fermage. Voici la manière la plus prompte de les engraisser ; c'est celle de la Bresse, qui est, sans contredit, l'endroit où il y a la meilleure volaille. On se sert de farine de blé de Turquie ou maïs, délayée avec du lait cuit coupé et une légère partie de farine de sarrasin. Comme dans les environs de Paris, cette nourriture serait trop coûteuse, on la remplace de la manière suivante. On fait cuire du petit blé appelé criblure; lorsqu'il est bien cuit, vous le délayez avec de la farine de seigle et du lait, vous faites une pâte épaisse; vous renfermez vos chapons dans une épinette, qui est une espèce de boîte à coulisse; la tête de la volaille passe au-dessus d'une petite auge en bois où sont déposées les boulettes de nourriture; le matin, vous leur faites boire un peu de lait coupé. Les premiers jours, les chapons maigrissent, mais ils s'habituent et deviennent d'une belle graisse, et surtout d'une chair ferme et très-blanche. Engraissés de cette manière, j'ai vu des chapons de sept à huit livres.

ARTICLE XI.

Manière d'élever les dindes.

C'est de toutes les volailles la plus difficile à élever, celle qui demande le plus de soin, étant sujette à des maladies jusqu'au moment où les boutons sont poussés. Il faut donc lui donner une nourriture très-échauffante pour faire sortir ces mêmes boutons ; car, après cette époque, tout péril cesse pour elle. Voici la nourriture qui leur convient pendant les premiers jours.

Aussitôt que les petits sont éclos, vous faites durcir des œufs, et si vous en avez d'oie, vous les prenez de préférence, d'abord parce qu'ils sont plus chauds, et ensuite par économie; mais il faut toujours faire attention à ce qu'ils ne soient pas gâtés. Vous mêlez bien ces œufs avec de la mie de pain et du persil haché très-fin; vous nourrissez les petits pendant quatre jours de cette manière. Après ce temps, vous ajoutez un peu de lait brûlé au feu et une légère partie de petit son passé au tamis; vous continuez encore quatre jours, ayant soin de ne pas diminuer la quantité de persil; après ce temps, vous pouvez mettre un peu plus de son, ne plus mettre de mie de pain, et diminuer les œufs d'un tiers. Lorsque les petits ont quinze jours, vous pouvez réformer le lait brûlé et mettre à la place du lait caillé. Naturellement, alors, vous mettez beaucoup de graines d'orties, du persil monté et haché très-fin; vous ne mettez plus que six œufs pour douze petits, et continuez le son. Lorsque les dindons ont atteint six semaines, avec la nourriture suivie par gradation, comme je l'ai indiquée, vous ne leur donnez plus d'œufs, mais bien du petit son, de la graine d'orties, du lait caillé, et ajoutez du poussier de grange, ce qui les fait grandir.

Pendant la croissance, et surtout les premiers huit jours, vous devez donner souvent à manger, et à boire de l'eau ferrée, ne pas laisser exposés les petits entre deux airs, ni à l'ardeur du soleil à midi, ne pas les laisser exposés à l'orage, ni à la pluie; pour cet effet, on met la mère en captivité sous une mue ou cage, de manière à ce que les petits puissent s'introduire auprès d'elle. Il faut les mettre sur une pelouse où vous aurez semé du persil et des orties : il ne faut pas les perdre de vue; c'est une peine qui est rachetée par un profit sûr, et une bonne ménagère ne doit craindre ni soin ni fatigue. Il est prouvé qu'il est possible de payer avec le produit des volailles la majeure partie du fermage; c'est une branche d'industrie qui, bien administrée, rend cent pour cent, et on a, de plus, le plaisir de voir croître de petits animaux qui vous dédommagent au centuple des soins que l'on a pris de les élever. On peut mener la croissance d'un dinde qui, grand, peut peser de quinze à dix-huit livres.

ARTICLE XII.

Des oies et de la manière de les élever.

Cette volaille, très-facile à élever, est pourtant susceptible de mourir pendant les trois ou quatre premiers jours après que les petits sont éclos, soit par un orage ou un coup de soleil. Il faut les rentrer sur le midi jusqu'à deux heures ; de même si le temps menace d'un orage.

Voici la manière de les soigner

et de les nourrir. Aussitôt qu'ils sont éclos, vous hachez de la mie de pain rassis, du cerfeuil et quelques œufs durs, vous faites une pâtée solide sans être sèche; vous nourrissez avec cette même pâtée pendant trois jours seulement; après quoi, vous ajoutez du petit son, du lait brûlé, et vous diminuez le nombre des œufs. Dans les trois premiers jours, six œufs peuvent suffire pour vingt-quatre petits oisons; les trois premiers jours passés, on peut renoncer aux œufs et mettre seulement du cerfeuil, du petit son et du lait brûlé. Après trois ou quatre jours encore, on renonce au lait brûlé pour du lait caillé naturellement, en ajoutant des feuilles de salade, soit laitue ou romaine. Alors vous ne mettez plus que des feuilles de salade, du lait caillé et du petit son. Vous avez à la ferme un petit garçon pour conduire ces mêmes volailles aux champs, et, en attendant que les petits oisons soient assez forts pour y aller, vous occupez le petit bonhomme à arracher dans les blés des pieds de coquelicot, autrement dit ponceau; vous en hachez bien les feuilles que vous ajoutez aux salades. Cette herbe est très-nourrissante.

Vous nourrissez de cette manière pendant un mois, époque à laquelle vous pouvez envoyer aux champs. Lorsque la moisson est faite, les volailles ramassent assez dans les champs pour se nourrir ; il devient inutile de leur donner à manger à la basse-cour ; elles ne coûtent donc que la garde, et cela se borne à si peu de chose que l'on ne peut même le compter au nombre des frais. La vente commence à la fin de septembre ; mais il ne faut compter qu'à la Saint-Martin. On se sert du même engrais que pour les dindes, mais l'oie coûte bien moins et s'engraisse beaucoup plus vite.

Le canard s'élève de la même manière, mais plus à portée de l'eau qu'il aime beaucoup ; mais, dans les premiers jours, il est très-délicat et craint beaucoup les coups de soleil ou l'orage. Lorsque les canards ont atteint un mois, on peut, si on est près d'une ville où il y a des bouchers, acheter des tripes de mouton; c'est une chose que les bouchers de campagne donnent même pour rien; cela engraisse le canard et lui rend la chair très-blanche.

L'oie et le canard se plument deux fois tous les ans. La première année, ils ne se plument qu'une fois, qui est à la fin d'août; mais lorsqu'on en garde pour peupler la basse-cour, ceux-là se plument au mois de mai et à la fin d'août. La plume vive vaut le double de celle que l'on retire après avoir tué l'oie ou le canard; c'est le meilleur duvet, par la raison que la mite ne s'y met jamais; pourtant, il faut avoir la précaution de la mettre dans le four long-temps après que le pain en est retiré. On la met dans des sacs, et, après que ces sacs de plumes sont sortis du four, on les bat avec de longues baguettes pour en extraire la poussière. La plume, soignée de cette manière, se vend 3 francs 50 centimes, et la plume morte, 2 francs à 2 francs 50 centimes.

ARTICLE XIII.

Pour le soin de l'intérieur de la cour.

La cour d'une ferme étant pour l'ordinaire remplie de fumiers, il faut donc déposer au pied des bâtimens qui sont au midi, les cendres de la lessive; aussitôt qu'elles sont sèches, vous verrez les poules les répandre autour d'elles, se coucher dessus, battre des ailes afin de bien les recevoir dans leurs plumes, et ensuite s'éplucher. Cette observation, qui d'abord vous paraîtra indifférente, vous prouve cependant l'instinct de ces animaux qui, avec ce remède, se garantissent de la vermine, qui, sans cette précaution, rend souvent les pondeuses inconstantes dans l'endroit où elles doivent déposer leurs œufs ; car la vermine fait déserter les nids, même les couveuses.

ARTICLE XIV.

Manière de conserver les œufs toujours frais.

Prenez des œufs de la ponte du mois d'août à la fin de septembre, parce que dans ce mois ils ont moins de germe, et que c'est le germe qui fait gâter les œufs. Vous les frottez légèrement avec de l'huile pour boucher tous les pores ; vous avez de la cendre tamisée, vous en mettez un lit épais au fond d'un tonneau, vous mettez des œufs bien serrés, après cela un lit de cendre, puis un d'œufs, ainsi de suite jusqu'à ce que le tonneau soit plein; après cela, vous le bouchez de manière à ce que l'air ne puisse y pénétrer; vos œufs se conserveront toujours frais, et vous pourrez en vendre dans la saison. Ils sont très-chers: c'est encore un moyen sûr pour augmenter le revenu du fermier.

ARTICLE XV.

Moyens à employer pour rendre les pigeons sédentaires et les faire peupler davantage.

Mettez dans le fond du colombier une forte couche de plâtre que vous battrez comme une aire de grange ; vous mêlerez dans votre plâtre une légère portion de chaux et de salpêtre; déposez en plusieurs endroits du colombier des pots remplis d'eau fraîche, et dans laquelle vous mettrez un gros d'alun en pierre pour trois pintes d'eau ; faites tremper de la vesce et du sarrasin pendant une nuit, dans de l'eau salée avec un peu de salpêtre ; étendez cette graine encore humide dans le colombier que vous avez soin de tenir propre; mettez également un peu de graine de genièvre et de chenevis, le tout pendant quinze jours, pour les aprivoiser, après quoi lâchez les pigeons ; vous les verrez revenir sans jamais s'écarter, car ils ne déserteront jamais : vous pouvez de temps en temps renouveler ce remède, et cela à l'époque de la volée de mars et celle d'août.

Tout le monde sait que la fiente de pigeons est précieuse pour la répandre sur les terrains froids.

ARTICLE XVI.

Des lapins clapiers.

Comme une bonne ménagère doit mettre tous ses soins à augmenter le revenu de sa maison, elle ne saurait trop étendre les branches de son industrie. Je vais ici traiter un sujet qui toujours a paru de peu d'importance, et qui devient cependant un surcroît de revenu ; ce sont les lapins clapiers : pour cela, il faut établir des cabanes dans le jardin et les disposer de manière à ce qu'elles aient de l'air : pour cela, on fait les portes en grillage de fil d'archal. Huit jours avant de manger, ou bien de vendre les lapins, il faut leur donner beaucoup de persil en été, et en hiver de la bruyère et de la luzerne, cela leur donne le goût de lapins de garenne, leur rend la viande ferme et blanche, et coûte si peu de chose, que tout pour ainsi dire devient revenu. Il y a tant d'herbe qui se perd dans un jardin, qu'il faut mieux en retirer un avantage utile que de les enfouir dans la terre. Comme il y a à la proximité de toutes les fermes une ville où il se tient un marché, et que pour peu comme pour beaucoup on s'y rend soit pour vendre, soit pour acheter, je trouve à propos de n'y pas aller les mains vides : pour cet effet, les lapins sont un produit, car rien ne peuple comme eux. Et puis c'est encore une ressource pour l'intérieur de la maison.

ARTICLE XVII.

De la maladie des moutons.

Je vais parler ici d'une maladie qui est regardée dans l'intérieur de la France comme incurable, par le peu de succès que l'on a eu à la traiter jusqu'à présent ; il n'en est pas de même sur les frontières d'Espagne où cette maladie a éprouvé bien des fois une guérison complète. Il est vrai que le troupeau étant presque toujours des bêtes de choix, on en a pris le plus grand soin ; on peut également et avec succès traiter un troupeau de bêtes à laine ordinaire et avec une modification de dépense.

Pour les béliers et brebis mérinos, aussitôt que l'on s'aperçoit de la maladie appelée la clavelée, on sépare les moutons malades et on leur interdit toutes communications, même au pasteur qui les soigne; cela est tellement de rigueur, que sur les frontières d'Espagne, le troupeau et le pasteur font quarantaine; et que le berger porte presque toujours un habit complet de toile, afin d'éviter le mauvais air qui se communique par le drap. Voici donc la manière de traiter cette maladie.

On renferme les moutons dans la bergerie; on la parfume de la manière suivante : on brûle dans des réchauds du soufre en poudre, du genièvre, un peu de feuille de tabac, de hysope, de la sauge et du serpolet. On ferme afin que les moutons puissent respirer la fumée. Pour les béliers de prix, ainsi qu'aux brebis de la même espèce, on leur fait boire du vin chaud sucré avec un peu de thériaque de Venise, ce qui diffère seulement du traitement ordinaire des moutons en général.

On met dans la bergerie des baquets, et le matin on y met de l'eau tiède que l'on bat fort avec de la farine et un peu de petit son, un peu de fleur de soufre, une poignée de sel gris, le tout bien proportionné à la quantité d'eau; mais il faut que cela soit renouvelé trois fois le jour. Il faut nourrir les moutons légèrement, et mettre dans le son que l'on met dans les bocaux une poignée de sel, de manière à les altérer un peu; il faut les rafourrer de paille et un peu de trèfle, les tenir renfermer plusieurs jours et ne les laisser sortir que sur le midi, le premier jour une heure seulement, et aller en augmentant, jusqu'à ce qu'ils aient rattrapé leur forme. Il y a encore la maladie de l'entre-pieds; cela se guérit facilement avec de la bouse de vache et du vinaigre chaud que l'on applique sur le pied malade.

ARTICLE XVIII.

Pour les terres et engrais.

Lorsque le fermier a le malheur d'éprouver une perte de bestiaux, et que ses moyens ne lui permettent pas de les remplacer de suite par le même nombre de bestiaux, s'il veut récolter, il faut pourtant que ses terres aient le même engrais, s'il veut avoir la même récolte annuelle; pour y remédier, il faut s'y prendre de cette manière.

Semez dans vos guérets ou gâches, et toutes les terres à ensemencer dans l'année, de la vesce mêlée d'un peu d'avoine, de pois à agneau avec un peu de seigle, le tout appelé dragées, ce qui pousse très-vite et sans être fumé; vous laissez croître jusqu'à deux pieds et même un peu moins; vous coupez la superficie pour nourrir ce qui vous reste de vaches à l'étable; ensuite vous mettez parquer le peu de moutons que vous avez, en ayant soin de faire changer le parque une fois par nuit, et à midi vous faites encore parquer. Mais il faut que le berger ait soin de tourmenter les moutons avant de changer les claies ; les moutons se trouvant couchés sur cette herbe qui forme fumier, s'y reposent bien et fientent aussitôt qu'on les fait lever, et cela produit souvent plus d'effet que du fumier apporté de la cour : par ce moyen vous fumez promptement et d'une manière très-économe. Comme on a semé derrière la charrue, on n'a plus que deux façons à donner ensuite.

ARTICLE XIX.

Pour semer le blé en terre humide ou trop sèche.

Dans les terres humides comme celles des bas-fonds, le blé est sujet à se gâter et même à pourrir, ce qui fait manquer la récolte ordinaire; comme aussi dans des terrains trop secs, il s'y met un petit ver qui mange l'amande du blé, et fait également manquer la récolte annuelle. Dans le premier cas comme dans le second, il faut resemer en mars, ce qui augmente les frais sans valoir la semence primitive, et la qualité du blé de mars ne vaut jamais celle d'un blé de saison.

Voici la manière pour parer à l'un comme à l'autre des accidens avant de semer : vous préparez la semence de la manière suivante : vous faites bouillir de l'eau de fumier le plus sale, ensuite vous la versez toute bouillante dans un tonneau où il y a de la chaux vive : il en faut un boisseau pour douze septiers de blé, et un quart de sel gris par septier également; vous remuez bien la chaux jusqu'à ce qu'elle ne bouille plus ;

alors vous versez cette eau de chaux sur le tas de blé et le remuez en tous sens ; il faut qu'il soit mis à la chaux vingt-quatre heures avant de le semer. On peut se servir de sel de marée, comme étant le moins cher. Cette opération force le blé à sortir de terre en faisant ouvrir la peau, et jamais vous n'aurez de vers qui détruisent la semence.

ARTICLE XX.

Maladies des luzernes et trèfles.

Presque toutes les luzernes et trèfles sont assujéties à la maladie appelée la *teigne;* cette maladie détruit quelquefois jusqu'à un quart de la récolte; c'est une herbe jaune foncé, qui court et ressemble assez à des cheveux; partout où elle passe, elle mange la luzerne jusque dans sa racine, et laisse à la terre un fond destructeur ; il faut donc la détruire, et cela peut se faire en vingt-quatre heures : on fait bouillir de la suie de cheminée dans de l'eau de fumier, on la répand sur la place aussitôt que cette eau est froide ; le lendemain, on pioche avec un hoyau, et on y sème des plâtras battus ; alors on sème un peu de graine quelques jours après, et jamais la teigne ne reparaît.

ARTICLE XXI.

Pour détruire les chenilles aux arbres et aux plantes potagères.

Il faut brûler sous les arbres un peu de camphre, de fleur de soufre, des feuilles de tabac et de la suie de cheminée; on ne doit faire cette opération que le soir, parce qu'à cette heure tous ces insectes sont réunis pour passer la nuit : c'est un remède qui ne manque jamais son effet, non-seulement les chenilles tombent, mais encore les œufs, et jamais ne reviennent. Pour les plantes potagères, c'est sur les salades et les choux que les chenilles exercent leur puissance destructive, en les rongeant entièrement; mais c'est qu'après cela elles deviennent un autre fléau en devenant une nuée de papillons blancs qui se posent de nouveau sur les plantes. Rien n'est plus dégoûtant que ces chenilles vertes appelées chenilles à choux. Pour les détruire, on fait bouillir de la cendre avec de la suie; on laisse refroidir cette eau; on arrose le soir et le matin pendant trois jours, et vous voyez disparaître pour toujours les chenilles.

ARTICLE XXII.

Pour les abeilles.

Mon intention n'est point de traiter à fond ce sujet ; de grands auteurs ont fait des volumes trop intéressans ; je me borne à faire connaître les expériences dont j'ai été témoin.

L'abeille, au moment de donner ses jetons, s'éloigne et souvent s'égare et ne revient pas ; je veux dire que les jetons se posent et se fixent loin de son ancien domicile. Si vous voulez les retenir, il faut leur mettre un appât près des ruches ; en voici quelques-uns : pendant le printemps, vous semez et repiquez de l'œillet de chimère et de la giroflée de Mahon, ainsi que des fleurs dont l'odorat leur est agréable, comme la scabieuse ou fleur de veuve ; cette dernière a le don de les fixer, et vous pouvez remarquer qu'une fois que l'abeille a posé sur cette fleur, elle y revient sans cesse et ne s'en éloignera jamais pour long-temps. Il faut aussi poser les ruches à la proximité des prairies artificielles, lorsque l'on est trop éloigné des autres. Le trèfle, le sainfoin et la luzerne ont pour elles un appât flatteur. On a quelquefois vu des abeilles s'éloigner de trois lieues pour courir les prairies : il est donc nécessaire de les retenir. Garnissez aussi vos plates-bandes de thym, d'hysope; faites aussi fondre du miel dans un peu d'eau et des feuilles de baume; mais cela ne doit se faire qu'une fois par mois; vous mettez dans l'assiette des pailles coupées, afin que l'abeille ne se noie pas en venant boire. C'est une production très-avantageuse que les abeilles. Le jardinier, en travaillant son jardin, peut également soigner les abeilles; et par ce moyen, le fermier voit augmenter sa richesse sans augmenter le nombre de ses dépenses.

ARTICLE XXIII.

Manière de conserver le lard pendant plusieurs années sans qu'il devienne rance, ni qu'il se gâte.

Il faut dans une ferme, plus que tout ailleurs, des provisions de toutes espèces ; on ne doit donc rien négliger pour se procurer le surcroît d'aisance : le porc est une grande ressource ; mais pour le conserver très-bon, il faut connaître le procédé qu'emploient les gens du midi.

J'ai vu moi-même préparer le lard, et voici la manière dont ils s'y prennent.

Ils commencent par lever des grandes bandes de lard, ils les frottent avec de l'ail, ensuite ils les salent dans de grands baquets, et ont le soin de mettre un peu de salpêtre dans le sel, ensuite ils font bouillir des herbes aromatiques, frottent le baquet pendant qu'elles sont très-chaudes, laissent tremper l'eau et les herbes vingt-quatre heures dans le même baquet, ensuite le font bien égoutter, salent le fond et déposent par lit de lard et de sel jusqu'au fond. Après six semaines de sel, on retire le lard, on l'accroche au plancher, et après deux jours, il est assez égoutté pour commencer la fumigation, qui se fait de la manière suivante :

Vous avez une pièce qui peut supporter le feu sans danger; c'est dans cette pièce que le lard doit être accroché. Vous déposez dessous beaucoup d'herbes aromatiques, vous y mettez le feu; mais il faut qu'elles puissent brûler sans jeter beaucoup de flamme, mais seulement de la fumée; cela doit durer huit jours, après quoi vous tenez la porte fermée, et laissez refroidir tout doucement : le lard fumé de cette manière se conserve très-long-temps et peut supporter la navigation.

CONCLUSION.

Toutes ces notes sont tirées d'après des expériences dont j'ai été témoin ; aucune n'a manqué, et j'ai vu dans le midi, de petits cultivateurs se faire un revenu considérable avec très-peu d'animaux. C'est pourquoi je conclus qu'une bonne fermière peut rendre le produit de sa ferme très-avantageux, vivre dans une honnête aisance et suffire aux besoins de sa famille, payer son fermage avec le revenu de sa basse-cour ; c'est pourquoi j'affirme que l'on peut avec confiance suivre ce que j'indique dans ce petit ouvrage.

FIN.

TABLE

DES MATIÈRES.

FIN DE LA TABLE.

www.ingramcontent.com/pod-product-compliance
Ingram Content Group UK Ltd.
Pitfield, Milton Keynes, MK11 3LW, UK
UKHW021122260726
13994UKWH00002B/965

9 782329 470092